BEI GRIN MACHT SICH IHR WISSEN BEZAHLT

- Wir veröffentlichen Ihre Hausarbeit, Bachelor- und Masterarbeit

- Ihr eigenes eBook und Buch - weltweit in allen wichtigen Shops

- Verdienen Sie an jedem Verkauf

Jetzt bei www.GRIN.com hochladen und kostenlos publizieren

Bibliografische Information der Deutschen Nationalbibliothek:

Die Deutsche Bibliothek verzeichnet diese Publikation in der Deutschen National-
bibliografie; detaillierte bibliografische Daten sind im Internet über http://dnb.d-
nb.de/ abrufbar.

Dieses Werk sowie alle darin enthaltenen einzelnen Beiträge und Abbildungen
sind urheberrechtlich geschützt. Jede Verwertung, die nicht ausdrücklich vom
Urheberrechtsschutz zugelassen ist, bedarf der vorherigen Zustimmung des Verla-
ges. Das gilt insbesondere für Vervielfältigungen, Bearbeitungen, Übersetzungen,
Mikroverfilmungen, Auswertungen durch Datenbanken und für die Einspeicherung
und Verarbeitung in elektronische Systeme. Alle Rechte, auch die des auszugsweisen
Nachdrucks, der fotomechanischen Wiedergabe (einschließlich Mikrokopie) sowie
der Auswertung durch Datenbanken oder ähnliche Einrichtungen, vorbehalten.

Impressum:

Copyright © 2008 GRIN Verlag, Open Publishing GmbH
Druck und Bindung: Books on Demand GmbH, Norderstedt Germany
ISBN: 9783640495337

Dieses Buch bei GRIN:

http://www.grin.com/de/e-book/139447/der-naturraum-thueringens-und-seine-
nutzung-zur-vegetation

Victoria Tutschka

Der Naturraum Thüringens und seine Nutzung - Zur Vegetation

GRIN Verlag

GRIN - Your knowledge has value

Der GRIN Verlag publiziert seit 1998 wissenschaftliche Arbeiten von Studenten, Hochschullehrern und anderen Akademikern als eBook und gedrucktes Buch. Die Verlagswebsite www.grin.com ist die ideale Plattform zur Veröffentlichung von Hausarbeiten, Abschlussarbeiten, wissenschaftlichen Aufsätzen, Dissertationen und Fachbüchern.

Besuchen Sie uns im Internet:

http://www.grin.com/

http://www.facebook.com/grincom

http://www.twitter.com/grin_com

Universität Erfurt
Erziehungswissenschaftliche Fakultät
PdK – HSK
Geographische Phänomene kindl. Welterkundung

Victoria Tutschka

Abgabedatum: 16.12.2008

<u>Schriftliche Ausarbeitung</u>

Thema: Der Naturraum Thüringens und seine Nutzung
- Zur Vegetation-

Inhaltsverzeichnis:

<u>1. Einleitung</u>

Der Freistaat Thüringen hat viele Spitznamen: um nur einige zu nennen, seien hier „Kreuzweg der Blumen", „Grünes Band" oder „Grünes Herz Deutschlands" erwähnt. Thüringen ist wegen seiner vielgestaltigen Pflanzenwelt bekannt, beliebt und auch oft besucht. Doch warum ist gerade in unserer Gegend das enge räumliche Nebeneinander vieler Pflanzenarten mit unterschiedlichsten ökologischen Ansprüchen möglich? Dafür gibt es natürlich zahlreiche Gründe: die Vegetation ist z.B. von ihrem geologischen Untergrund abhängig, von Reliefbeschaffenheiten und Wasservorkommen. Speziell in Thüringen haben die Mittelgebirge Harz, Kyffhäuser, Rhön, Thüringer Wald und Schiefergebirge maßgeblichen Einfluss auf das Lokalklima, was wiederum die Entwicklung der Pflanzenwelt bestimmt: Einerseits wirkt sich die Höhenlage und ph-Wert-Stufe, auf der die Pflanzen wachsen, direkt auf die Flora aus. Andererseits ist auch die Luv- und Leewirkung entscheidend für das jeweilige Klima der Landschaft. So ist der Südwesten Thüringens niederschlagsreich, da sich die Luftmassen vor dem Thüringer Wald stauen und abregen, das zentrale Thüringer Becken dagegen, abgeschirmt vom Harz und Thüringer Wald, überwiegend trocken. Somit sind völlig unterschiedliche Voraussetzungen für die Entwicklung der Thüringer Flora gegeben.

In dieser Hausarbeit möchte ich nun zunächst die ursprüngliche Vegetation Thüringens, dann ihre Entwicklung unter dem Einfluss des Menschen bis hin zur ihrer aktuellen Gestaltung in verschiedenen in Thüringen vorkommenden Naturraumtypen untersuchen.

2. Potentielle Vegetation Thüringens

Wenn man die Flora einer Gegend betrachtet, sollte man sich zunächst mit der potentiellen Vegetation dieser Landschaft auseinandersetzen. Das ist die Vegetation, die ohne den Einfluss des Menschen wachsen würde und somit nur durch natürliche Faktoren wie Klima, Boden und Relief bestimmt wird.

Thüringen wäre überwiegend von Wald geprägt. Hierbei wären am meisten die von der schattenvertragenden Rotbuche dominierten Buchenwälder verbreitet. Vor allem Hainsimsen-, Waldmeister-, Waldgersten- und Orchideenbuchenwälder würden das Landschaftsbild prägen. Im trockenwarmen zentralen Thüringer Becken gäbe es Trauben- und Stieleichen sowie Hainbuchen und Winterlinden in den Buchenmischwäldern. *(vgl. [5])*

In den Thüringer Mittelgebirgen fände man wiederum überwiegend Rotbuchen, aber auch den durch seine Pfahlwurzel sehr standhaften Bergahorn und die Fichte. Über 850 Metern, das entspricht der Bergmischwaldstufe, würden sich Buchen-Tannen-Fichtenwälder ansiedeln. Natürliche Fichtenbuchenwälder gäbe es allerdings nur in den höchsten Lagen des Thüringer Waldes und des Thüringer Schiefergebirges, da dort nur Bäume mit Flachwurzeln Stand auf dem harten Gesteinsuntergrund finden können. *(vgl. [5])*

An Ufern der Flüsse ständen verschiedene Weidearten, da diese feuchte Böden bevorzugen.

In Niedermooren und von Grundwasser beeinflussten Böden der Auen gäbe es vor allem Eschen und Schwarz-Erlen. Niedermoore sind im Gegensatz zu Hochmooren nährstoffreich, da zeitweise mit Fremdwasser (z.B. Niederschlag oder Flüsse) überstaut sind und anschließend phasenweise „austrocknen". *(vgl. [5])* Bei der Überflutung ertrinken Pflanzen förmlich und sterben ab, können im Wasser aber nicht vollständig abgebaut werden. Trocknet das Moor dann durch fehlendes Fremdwasser aus, bilden die halbzersetzten Pflanzenteile einen sehr nährstoffreichen Torfboden für neue Pflanzen. Ein Hochmoor dagegen ist ein saurer, nasser und nährstoffarmer Lebensraum, der nur aus Niederschlägen und durch die Luft eingetragene Nährstoffe genährt wird. *(vgl. [5])*

<u>3. Entwicklung der Vegetation (unter Einfluss des Menschen)</u>

Der Freistaat Thüringen liegt in der gemäßigten Waldzone und war früher von sommergrünen Laubwäldern, überwiegend Eichen-Hainbuchenwälder, geprägt. Die Differenzierung der Pflanzengesellschaft erfolgte hauptsächlich durch unterschiedliche Feuchteregime und die Höhen- und ph-Wertstufen, auf denen die Pflanzen wuchsen. *(vgl. [1], Seite 36)*

An den Flussniederungen der großen Thüringen Flüsse Saale, Unstrut und Werra siedelten sich Auenwälder an. Im Thüringer Becken, Altenburger Raum und im Grabfeld, das sich im Leebereich, also der wind- und regenabgewandte Seite, des Rhöns befindet, konnten aufgrund der Niederschlagsarmut und des fruchtbaren Lössbodens Winterlinden wachsen. In den unteren Bergländern und im Mittelgebirgsvorland, welches im Westen und Nordwesten aufgrund der Luvwirkung des Thüringer Waldes sehr niederschlagsreich ist, entwickelten sich ausgedehnte Buchenwälder. *(vgl. [1], Seite 36)* In Buntsandsteinregionen wie den Gebieten östlich der Saale über 300m konnten sich nur Pfahlwurzler wie die Kiefer halten, da diese sich mit ihren tief ins Erdreich ragenden dicken Wurzeln im trockenen, „weichen" Buntsandstein verankern.

In den Kammlagen des Thüringer Waldes, auf der Bergnadelwaldstufe konnte man Tannen-Buchenwälder mit einigen Fichten finden. In diesen Gebieten, vor allem am Großen Beerberg und dem Schneekopf gab es einzelne Hochmoore, also wie bei Punkt 2 beschrieben, vernässte, saure und nährstoffarme Standorte. *(vgl. [1], Seite 37)*

Durch die Besiedlung des Menschen wurde immer mehr Holz benötigt für die Herstellung von Gebrauchsgegenständen aller Art, zur Holzkohlegewinnung zur Verhüttung von Metallerzen, sowie für Heiz-, Produktions- und Bauzwecke.

Die riesigen Buchen- und Eichenmischwälder wurden gerodet und anschließend schnellwüchsige Nadelhochwälder, überwiegend Fichtenforste angepflanzt. *(vgl. [1], Seite 38)*

Die Rodungen hatten immense Folgen: dort, wo kein neuer Wald angepflanzt wurde, kam es zum Verlust des Wasserhaltevermögens des Bodens, da keine Wurzeln als Speicherorgane vorhanden waren und das Regenwasser unaufgehalten ins Grundwasser absickern konnte, was neuen Pflanzen das Wachsen erschwerte. Des Weiteren kam es durch das Fehlen des Waldes als „Windfänger" zu schlimmen Erosionserscheinungen: Wind und Wasser konnten ungebremst die Erdoberfläche angreifen und somit die oberen, nährstoffreichen Schichten des Bodens abtragen. Der Boden monokultureller Forste leidet oftmals auch an Übersäuerung, da das Laub, was in naturnahen Laubmischwäldern ständig am Boden verrottet und durch dadurch resultierende chemische Prozesse den ph-Wert saurerer Untergründe neutralisiert, fehlt. *(vgl. [1], Seite 39)*

Durch eine starke Verringerung der Waldfläche in kurzer Zeit kann es außerdem zu Klimaveränderungen durch das veränderte Sauerstoff-Kohlenstoffdioxid-Verhältnis der Luft kommen, was vor allem durch größere Pflanzen wie Bäume durch die Photosynthese in der Waage gehalten wird. Auch im Klima wirkt sich das Fehlen der Wälder als abschwächende Barriere für Winde aus, da es vermehrt zu Stürmen kommen kann. Die genannten klimatischen Folgen der Rodungen traten in Thüringen zwar nur im geringen Maße auf und kleine Veränderungen schien es nur im Lokalklima gegeben zu haben, dennoch empfinde ich sie als erwähnenswert. Nicht zu vergessen sind die Veränderungen des Lebensraums der Fauna als Folge der Rodungen, also fehlende Nahrungsgrundlagen, sowie Unterschlupfmöglichkeiten. Ein Wald ist ein eigenständiger Lebensraum und durch seine Zerstörung wird nicht nur die Flora völlig verändert (auch Bodendecker wie Moose und Farne, die an den Wald gebunden sind, sowie waldtypische Sträucher und Blütenpflanzen verschwinden), sondern auch das Leben der Tierwelt maßgeblich beeinflusst.

In den Forsten wurden auch standortfremde Gehölze wie die Douglasie und die Europäische Lärche angepflanzt. Dahingegen ist die ehemals weit verbreitete heimische Weißtanne bis heute vom Aussterben bedroht. *(vgl. [1], Seite 38)*

Weitere anthropogene, also durch den menschlichen Einfluss bestimmte Faktoren, die die Vegetation Thüringens beeinflussten, kamen mit der zunehmenden Besiedlung, der Landwirtschaft und der Industrialisierung. Es wurde Platz zum Erweitern von Siedlungen, als Acker- und Weideflächen benötigt. Stickstoffemissionen aus Verbrennungsprozessen der Industrie führen zu saurem Regen, welcher zusammen mit der Luftverschmutzung durch Schwefeldioxid zur Versauerung des Bodens beiträgt. Auch die Schadstoffeinträge aus der Landwirtschaft wie Düngemittel und Pestizide schaden der Vegetation. *(vgl. [1], Seite 39)*

Um die erkannten Folgen durch den menschlichen Eingriff in die Natur zu mildern, werden in Thüringen folgende Maßnahmen ergriffen: der Laubholzanteil des Waldes soll durch Pflanzungen und gezielte Düngungen erhöht werden, ein weiteres Verringern der Waldfläche vermieden, die Pflanzenbestände sollen verdichtet werden, um die Erosionsgefahr zu dämmen und der Wildbestand wird reguliert, um den übermäßigen Fraß der Jungpflanzen und Triebe sowie der Beschädigung der Bäume, z.B. durch das Geweihwetzen der Hirsche kontrollieren zu können. *(vgl. [1], Seite 39)*

4. Aktuelle Vegetation in unterschiedlichen Naturraumtypen

Wenn man die aktuelle Vegetation einer Landschaft oder Region untersucht, gibt es unterschiedlichen Darstellungsweisen und Gliederungen der Verbreitung von Pflanzengesellschaften. Ich werde mich in dieser Ausarbeitung auf eine naturräumliche-pflanzengeografische Gliederung beziehen und mich dabei mehr auf die Pflanzengeografie, welche die Verbreitung von Arten beschreibt, konzentrieren. Eine naturräumliche Auswertung würde zusätzlich noch klimatische, geologische, geomorphologische, bodenkundliche, kulturhistorische und wirtschaftliche Unterschiede berücksichtigen, was den Rahmen dieser Arbeit sprengen würde.*(vgl. [2], Seite 15)*

Thüringens Fläche ist zu einem Drittel von Wald bedeckt.*(vgl [4])* Auch wenn davon nur noch 30 Prozent naturnaher Laubwald sind, ist es eines der waldreichsten Bundesländer. Im Nationalpark Hainich findet man z.B. die größte unzerschnittene Buchenwaldfläche Deutschlands. Doch auch die restliche Vegetation ist bewundernswert. Das möchte ich nun in der Bearbeitung der einzelnen Naturraumtypen beweisen.

4.1 Mittelgebirge

Anders als Hochgebirge überschreiten Mittelgebirge nur sehr selten die Baumgrenze, also die Höhenstufe, ab der nur noch Büsche und Sträucher wachsen. Thüringer Mittelgebirge sind der Harz, die Rhön, der Thüringer Wald, Kyffhäuser und Thüringer Schiefergebirge.

Der Harz, der Thüringer Wald und der westliche Teil des Schiefergebirges sind hochgradig bewaldet, überwiegend mit strukturarmen Fichtenforsten. Im Südharz, Kyffhäuser und Nordwesten des Thüringer Waldes findet man naturnahe Buchenmischwälder. In den Kammlagen der Thüringer Gebirge gibt es Hoch- und Zwischenmoore. Dort wachsen die gewöhnliche Krähenbeere, die Rosmarinheide und die Wenigblütige Segge, welche in Nordeuropa auch außerhalb von Mooren wachsen, in Thüringen aber auf diese Sonderstandorte beschränkt sind. An der Oberen Saale trifft man auf Felsbildungen, Blockhalden, an denen sich die Alpenaster, die Pfingstnelke und der Rasensteinbrech ausbreiten konnten. An Tälern und Hängen findet man Gebirgsgrasland (Bergwiesen) mit einer mächtigen Blütenpracht: Blumen wie die Echte Arnika, der Bärwurz und der Waldstorchschnabel haben ihre eine weite Verbreitung. In den Höhen der Rhön und im Osten des Thüringer Schiefergebirges prägen Rodungsinseln für die Grünlad- und Ackernutzung das Bild. In geschlossenen Waldgebieten herrscht ein naturnaher Zustand der zahlreichen

Quellstellen und Fließgewässer, außerhalb sind diese meist zu Teichen, Trink- und Brauchwassertalsperren aufgestaut. *(Absatz vgl. [2], Seite 16)*

4.2 Buntsandstein-Hügelländer

Die Buntsandstein-Hügelländer sind überwiegend arme, forstlich genutzte Standorte. Hauptsächlich Fichten- und Kiefernforste wachsen hier und nur sehr kleinflächige naturnahe Laubmischwälder. An reicheren und weniger reliefierten Standorten wird Ackerbau betrieben. Das Fließgewässernetz ist dicht, außerhalb von Waldgebieten aber wiederum ausgebohrt und zum Teil verrohrt. Die Talsohlen sind vernässt und durch Feuchtgrünland und Teichketten gekennzeichnet. Buntsandstein-Hügelländer sind werden vorwiegend landwirtschaftlich genutzt und sind deshalb reich an Landschaftselementen wie Streuobstwiesen und Flurgehölzen. (*Absatz vgl.[2], Seite 16)*

4.3 Muschelkalk-Hügelländer

Muschelkalk-Hügelländer findet man im Zentrum des Thüringer Beckens und im Grabfeld. Sie sind durch die Saale, die obere und mittlere Werra und deren Nebenbäche zergliedert und steil zertalt. Die Hochflächen sind mit artenreichen Buchen-, Eichen-Hainbuchenwäldern bewaldet und/oder werden als Acker genutzt. An den Muschelkalkhängen findet man Trockenwälder, -gebüsche und –rasen. Die horizontalen Felsleisten an härteren Gesteinsschichten weisen Felsbildungen mit Höhlungen und Bergstürzen auf. Dort treten Pflanzenarten des Muschelkalks auf, die typisch für Thüringen sind: die Ästige Graslilie und der Frauenschuh. An diese Felsleisten schließen sich von flacheren, oft von Kalkschutt überrollten und als Wald, Trift, Acker genutzte Hänge des Röt an (entstanden im Oberen Buntsandstein). In wärmebegünstigten Gebiete wachsen Arten aus dem Mittelmeerraum wie Orchideen, hier zu nennen der Bienenragwurz und das Brand-Knabenkraut. Vor allem die Region um Jena ist dafür weit bekannt. An den Grenzen zwischen Muschelkalk und Röt findet man Quellen und Kalkquellmoore. Hier tritt das Niederschlagswasser wieder zu Tage, das sich beim Durchfließen durch Muschelkalk mit Kalziumkarbonat angereicht hat. Die Moore dieser Gebiete sind oft entwässert worden und es sind nur noch wenige übrige Moorpflanzen wie der Sumpfstendelwurz und das Sumpfherzblatt vorhanden. *(Absatz vgl. [2], Seite 16 und 18)*

<u>4.4 Basaltkuppenland</u>

Basaltkuppenland findet man in Thüringen nur in der Vorderrhön. Das ist ein Mischgebiet aus Buntsandstein- und Muschelkalk-Hügelland und ist gekennzeichnet durch herausragende Basaltkegel- und -plattenberge. Es ist standörtlich gerade durch den Basalteinfluss (Basalt ist ein basisches Gestein vulkanischen Ursprungs) sehr abwechslungsreich: die Hänge unterhalb der Basaltberge weisen eine mäßige bis starke Reliefierung mit häufigen Gesteinswechsel auf. Dort findet man naturnahe Buchenwälder an Basaltbergen und Muschelkalkhängen, welche dort durch ihre breiten flachen Wurzeln Stand finden. Pfahlwurzler könnten hier mit ihrer tiefen Wurzel nicht weit genug in das Erdreich dringen, das das Gestein zu hart ist. Deswegen sind die Basaltberge ideale Standorte für Flachwurzler wie Buchen. Basaltblockhalden haben hier einen offenen Charakter oder sind von Blockwäldern bestockt. An südlichen kalkbeeinflussten Röthängen gibt es Hutungen mit Kalkmagerrasen und Wacholdergebüschen in deutschlandweit einmaliger Ausdehnung. Dazwischen wachsen z.B. die Silberdistel, der Deutsche Enzian und die Gewöhnliche Kuhschelle. *(Absatz vgl. [2], Seite 19)*

4.5 Ackerhügelländer

Ackerhügelländer findet man im zentralen Thüringer Becken, im Nordosten Thüringens und im Südthüringischem Grabfeld. Es ist ein welliges Hügelland mit teils flachen, teils kastenförmig eingesenkten Tälern und ist ein fast waldfreies, fruchtbares Gebiet. Als Restwälder sind Eichenhainbuchenwälder nur auf Muschelkalkrücken, Steinkeuperhügeln (im Grabfeld) und staunassen Lößstandorten (im Osterland) anzutreffen. Das Flurgehölznetz ist dominiert von Windschutzhecken, Ufergehölzen an Bächen, Streuobstwiesen, Alleen und Solitärbäumen. Auf Gips und Lettenhügeln im Thüringer Becken wächst kleinflächig Trockenrasen. An Ackerrändern verbreiteten sich seltene Ackerwildkrautarten wie z.B. die Sichelwolfsmilch. Die Ackerhügelländer sind, wie ihr Name auch verrät, meist jedoch Intensivagrarräume mit wenig Grünland und einer geringen Gewässerdichte. *(Absatz vgl. [2], Seite 19)*

4.6 Auen und Niederungen

Eine Niederung ist ein durch zwei Hochufer begrenzter und in sich nicht geschlossener Bereich der Erdoberfläche über dem Meeresspiegel mit Abfluss wie z.B. einen Fluss. Eine Aue ist die vom wechselnden Hoch- und Niedrigwasser geprägte Niederung an Bächen und Flüssen.*(vgl. [5])*

Für Thüringen sind die Tal-/Flussauen der Saale, Unstrut, Gera, Helme und Werra relevant. Nach Flussregulierungen, Dränagen, Hochwasserschutzmaßnahmen sind sie jedoch kaum noch überflutet und sind meist tief entwässert, da sie heute als waldfreie Ackerlandschaften genutzt werden. Somit sind die ehemals artenreichen Feuchtwiesen selten geworden. Die Bäche sind meist ausgebaut und abwasserbelastet. An den Gera-, Werra- und Helmeauen wurden große wassergefüllte Kiesgruben geschaffen. Dort wächst eine Kombination aus Pflanzen der Küsten (z.B. der Strandbeifuß) und Südosteuropäischen/zentralasiatischen Salzsteppenpflanzen (z.B. die Gersten-Segge). Letztere breiten sich vor allem an Rückstandshalden der Kaliindustrie aus. An den Gera- und Unstrutniederungen gibt es Wiesen mit zeitweise hohem Wasserstand. Hier findet man Reste von ehemals ausgedehnten Durchstrommooren (bei Durchstrommooren tritt das Grundwasser nicht als Quelle zutage *(vgl.[5])*), mit Stromtalpflanzen wie der Sumpf-Platterbse. *(Absatz vgl. [2], Seite 19 und 20)*

<u>4.7 Zechsteingürtel an Gebirgsrändern</u>

An die Südränder des Harzes und Kyffhäusers, am Nordrand des Ostthüringer Schiefergebirges (Orlasenke) und am Südwest-Rand des Thüringer Waldes schließen sich ca. 7 Kilometer breite Gürtel von Sedimenten des Zechsteins an. Das Relief ist bewegt und es gibt Felsbildungen, Erdfälle, Höhlen und Ähnliches. Durch die intensive Verkarstung gibt es kaum Stand- und wenig Fließgewässer. Am Südwest-Rand des Thüringer Waldes gibt es Kalkquellmoore. Gips- und Kalkhänge sind mit Laubmischwäldern, meist Buchen-, Eichen-Hainbuchenwälder, Trockengebüschen und Trockenrasen bewachsen.
Im Kyffhäuser gibt es in Trockenbiotopen Arten, die aus den Steppen Osteuropas stammen wie z.B. Federgräser. Flachere Hänge und Talsohlen werden landwirtschaftlich als Schaftriften oder Ackerland genutzt. *(Absatz vgl. [2], Seite 20)*

<u>5. Kurzes Fazit</u>

Alles in allem hoffe ich, dargestellt haben zu können, dass Thüringen einen breiten Fächer an Pflanzengesellschaften vorzuweisen hat. Es ist jedoch nicht möglich, in einer Arbeit dieser Länge die Entwicklung der Flora bis zur aktuellen Vegetation wissenschaftlich - detailliert zu beschreiben, sowie einzelne Pflanzengesellschaften und ihre Verbreitung genauer zu untersuchen. Dennoch möchte ich abschließend hinzufügen, dass ich der Meinung bin, dass der Mensch mehr dafür tun sollte, diese vielgestaltige Flora zu schützen und zu retten. Naturschutzgebiete und Biosphärenreservate sind da schon Schritte in die richtige Richtung. Die Menschen müssen versuchen, MIT der Natur zu leben, sich ihr anzupassen und nicht anders herum, also die Natur ihrem Leben anpassen zu wollen. Nur dann wird man auch in Zukunft von der Vielfalt und Besonderheit der Thüringer Pflanzenwelt sprechen können.

<u>Literaturverzeichnis</u>

<u>Veröffentlichte Literatur</u>

[1] Bricks (1993): Kleine Landeskunde. Braunschweig

[2]Zündorf et al (2006): Flora von Thüringen. Jena

<u>Internetquellen</u>
[3] http://www.floraweb.de/pflanzenarten/ (letzte Einsicht: 23.11.2008)

[4] http://www.thueringen.de/de/allgemein/landesnatur/ (letzte Einsicht: 8.12.2008)

[5] www.wikipedia.org (letzte Einsicht: 14.12.2008)

BEI GRIN MACHT SICH IHR WISSEN BEZAHLT

- Wir veröffentlichen Ihre Hausarbeit,
  Bachelor- und Masterarbeit

- Ihr eigenes eBook und Buch -
  weltweit in allen wichtigen Shops

- Verdienen Sie an jedem Verkauf

Jetzt bei www.GRIN.com hochladen
und kostenlos publizieren